学院风服装绘画图鉴

[日]上月午月 著

黎瑞芝 译

中国青年出版社

序 言

大家好，我叫上月午月 ，是一名公司职员，周末时是一名插画师。

2020年是"学院风制服100周年"，在日本学院风制服历史上具有重要意义。

原本，学院风制服对内的作用是加强学生对学校的认同感；对外的作用是建立学生的归属感，树立学校的信誉和形象。

然而，可以毫不夸张地说，日本学院风制服已经远远超出了它原本的意义，成为可爱时尚的象征，吸引了来自世界各地的目光。2009年，日本三名被称为"可爱大使"的流行文化大使参加了在法国巴黎举行的日本博览会（Japan Expo），向世界展示了学院风制服的魅力，让学院风制服在世界舞台上大放异彩。

此外，近几年日本学院风制服在海外备受追捧，这让学院风制服不再局限于日本境内，它的身影已遍布全球。

日本学院风制服包括水手服、西装外套等，有多种类型和风格。可以确定的是，它们都有一个鲜明的共同点——可爱。学院风制服具有许多普通服装所没有的特点，毋庸置疑，这些特点正是制服"可爱"的根源。

从日常容易被忽略的细枝末节，到清新可爱的制服穿搭，本书将从微观到宏观，毫无保留地展示学院风制服的魅力。

目 录

第1章　春夏秋冬的制服⋯⋯⋯⋯⋯ *1*

春季⋯⋯⋯⋯⋯⋯⋯⋯⋯⋯⋯⋯⋯⋯⋯ *2*

夏季⋯⋯⋯⋯⋯⋯⋯⋯⋯⋯⋯⋯⋯⋯⋯ *7*

秋季⋯⋯⋯⋯⋯⋯⋯⋯⋯⋯⋯⋯⋯⋯ *12*

冬季⋯⋯⋯⋯⋯⋯⋯⋯⋯⋯⋯⋯⋯⋯ *17*

第2章　上装⋯⋯⋯⋯⋯⋯⋯⋯⋯⋯ *23*

水手服⋯⋯⋯⋯⋯⋯⋯⋯⋯⋯⋯⋯⋯ *26*

西装外套⋯⋯⋯⋯⋯⋯⋯⋯⋯⋯⋯⋯ *36*

水手服外套⋯⋯⋯⋯⋯⋯⋯⋯⋯⋯⋯ *44*

网球衫⋯⋯⋯⋯⋯⋯⋯⋯⋯⋯⋯⋯⋯ *48*

领饰⋯⋯⋯⋯⋯⋯⋯⋯⋯⋯⋯⋯⋯⋯ *52*

外套⋯⋯⋯⋯⋯⋯⋯⋯⋯⋯⋯⋯⋯⋯ *62*

第3章　下装及套装⋯⋯⋯⋯⋯⋯ *73*

百褶裙⋯⋯⋯⋯⋯⋯⋯⋯⋯⋯⋯⋯⋯ *76*

格子样式⋯⋯⋯⋯⋯⋯⋯⋯⋯⋯⋯⋯ *84*

乐福鞋⋯⋯⋯⋯⋯⋯⋯⋯⋯⋯⋯⋯⋯ *90*

袜子⋯⋯⋯⋯⋯⋯⋯⋯⋯⋯⋯⋯⋯⋯ *94*

水手服 + 夏季穿搭⋯⋯⋯⋯⋯⋯⋯ *102*

水手服 + 冬季穿搭⋯⋯⋯⋯⋯⋯⋯ *103*

衬衫 + 夏季穿搭⋯⋯⋯⋯⋯⋯⋯⋯ *104*

西装外套 + 冬季穿搭⋯⋯⋯⋯⋯⋯ *105*

无袖连衣裙⋯⋯⋯⋯⋯⋯⋯⋯⋯⋯ *106*

泳装⋯⋯⋯⋯⋯⋯⋯⋯⋯⋯⋯⋯⋯ *108*

运动服⋯⋯⋯⋯⋯⋯⋯⋯⋯⋯⋯⋯ *109*

春天来啦!!!

故事的开始!!

少女们……

好好学习

好好玩

交朋友——

在这样的季节……

咚

喂，
出来一下！

……你真有胆量

拉

嘘嘘

学生会活动室

那么，

刚刚你说
这是一时冲动？

瑟瑟
发抖

| 第1章 |

春夏秋冬的制服

1

春季 | 1

[春夏秋冬的制服]

请看!

袖子撸成七分长度的春装毛衣

姓名

内藤丽香

Reika Naito

班级

三年级1班/曲棍球部

"我从来不在意时尚,但是如果我喜欢,我就会去商店里买时髦的领结!我们学校的'优势'是不限制穿搭!"

春季 | 2

请看!

充满春天气息的挎包

姓名

高木恭子
Kyoko Takagi

班级

二年级2班/茶道部

"最近我开始学习日本舞。我喜欢茶道的静和日本舞的动。虽然我的舞蹈水平还处于起步阶段，但我很喜欢穿着和服跳舞。穿着和服与制服时，我都会很开心。"

春季 | 3

[春夏秋冬的制服]

请看！

米色的背心和粉色的领带

姓名

泽田理惠
Rie Sawada

班级

三年级1班/田径部部长

"长跑就交给我吧！为了六月的运动会，我每天都在练习。至于兴趣爱好，应该是烹饪吧，但在料理课上，我会担心油溅到制服上。"

春季｜4

[春夏秋冬的制服]

请看！

经典款水手服

姓名

川野夕美
Yumi Kawano

班级

三年级1班/茶道部

"放学后，我喜欢去车站前的蛋糕店吃东西。茶配上甜点，超赞哦！不过我一周只去一次蛋糕店，是真的哦。至于制服，我不喜欢太紧身的。"

春季 | 5

[春夏秋冬的制服]

请看！

为书包设计的休闲挂饰

姓名

二宫加奈
Kana Ninomiya

班级

二年级5班/学生会书记

"将来想做的工作？嗯……我想做口译。我特别喜欢欧美电影，欧美音乐也很好听。喜欢的花纹是波点花纹。但是，我觉得制服配套的领结也挺好看的。"

夏季｜1

[春夏秋冬的制服]

请看！

水手领式衬衫

姓名

田中美佳
Mika Tanaka

班级

三年级5班/游泳部部长

"我是游泳部部长，但我大赛的成绩不理想。我每天都会跑步以加强耐力，想在毕业前获得一个游泳奖项。这件制服的纽扣我非常喜欢，但我不得不和它说再见了。"

夏季 | 2
[春夏秋冬的制服]

请看！

时髦的皮革制学生书包

姓名

睦月香织
Kaori Mutsuki

班级

三年级2班/合唱部

"你们印象中的合唱部是属于文化类吧，其实它非常消耗体力。新生来了，我作为前辈就要更加努力了！我们每个年级的领结颜色是不一样的，所以很容易分辨。"

夏季 | 3

[春夏秋冬的制服]

请看！

夏季清爽的白色网球衫

姓名

高野咲希

Saki Takano

班级

一年级2班/网球部

"我喜欢夏天！在炎热的夏日运动后，冲个澡，换上制服的瞬间真的很舒服呢！至于喜好，我最近正好到稍微远一点的地方参加了现场演唱会和一些活动项目！"

夏季 | 4

[春夏秋冬的制服]

请看！

让人不会感到闷热的清爽背心

姓名

松尾麻衣
Mai Matsuo

班级

一年级4班/艺术体操部

"啊？！我的打扮很时尚吗？嗯……除了这个背包不是学校标配的，其他也没有什么特别讲究的。这个薄荷色很好看吧？和制服也很搭呢！"

夏季 | 5

请看！

流行的短发

姓名

五十岚华
Hana Lgarashi

班级

二年级2班/美术部

"我最近热衷于画油画！一般会在制服外面套上一条围裙再进行绘画。我也会在家绘画，休息日就去公园写生，将来要是能去美术大学就好了。"

秋季 | 1

[春夏秋冬的制服]

请看！

低腰款的学生裙

姓名

齐藤美娜
Mina Saito

班级

一年级3班/读书会

"这是时髦的淑女风制服。我喜欢英语，很想去国外留学。我特别憧憬去英国留学的生活！想去那里拍很多的照片，在那里尽兴地游玩！嗯……我还是先从打工开始吧！"

秋季 | 2

[春夏秋冬的制服]

请看！

清爽的米色西装外套

姓名

小野真弓
Mayumi Ono

班级

二年级1班/篮球部

"我最近迷上了漫画！
发售那天我买了几本杂志，
还因为把它们带到学校而
被批评了。但漫画里出现
的制服很多都很可爱啊！"

秋季 | 3

[春夏秋冬的制服]

请看！

配有引人注目白色领套的名古屋领

姓名

菅原美香

Mika Sugawara

班级

二年级1班/网球部

"我喜欢边走路边吃东西，又担心食物的汤汁会洒到制服上。最近附近的小镇新开了一家餐厅，装修很时髦，食物看上去也很美味……嗯，我周六要和朋友一起去这家餐厅！"

秋季｜4

[春夏秋冬的制服]

请看！

略带粉色调的米色西装外套

姓名

池田诗织

Shiori Ikeda

班级

一年级3班/杂志・新闻部

"我负责报道校内新闻。因为采访时会用到相机，所以我比较关注器材。我还拍了许多学校制服以外其他制服的照片。将来我想从事广播行业。"

秋季 | 5

[春夏秋冬的制服]

请看！

双扣水手服

姓名

樋口蓝子
Aiko Higuchi

班级

二年级3班/空手道部

"我家是开空手道馆的，所以我从小就喜欢空手道。有人说看不出来我会空手道，可是脱下制服的我是很厉害的。我觉得运动最大的好处就是可以出一身汗！"

冬季 | 1

[春夏秋**冬**的制服]

请看！

灰蓝色的西装外套很漂亮

姓名
西千奈美
Chinami Nishi

班级
二年级3班/弓道部部长

"哇哦！就要到县级比赛的时间了，差不多该鼓足干劲练习了。天气越来越冷，是时候穿上连裤袜了！至于兴趣，我最近喜欢赏花……"

冬季 | 2

[春夏秋冬的制服]

请看！

酒红色外套和绿色领结的搭配

姓名

野濑优子

Yuko Nose

班级

一年级5班/无

"将来我想从事护士之类的能帮助他人的工作。虽然我的爱好是编织物品，但我并不是很擅长编织。关于制服，这个季节，一件大的开衫是不错的选择。"

冬季 | 3
[春夏秋冬的制服]

请看！

前襟有耀眼的金色纽扣的冬季水手服

姓名
菊池优菜
Yuna Kikuchi

班级
二年级1班/书法部

"我喜欢冬天，因为冬天的星星很美。我还喜欢吃年糕和橘子。我喜欢冬季的穿搭，因为可以搭配一些小物件。我的梦想是去太空旅行。"

冬季｜4

[春夏秋**冬**的制服]

请看！

经典款的西装外套搭配两用背包

姓名

佐仓友绘

Tomoe Sakura

班级

一年级5班/羽毛球部

"最近我刚加入羽毛球部，肌肉的训练太辛苦了！但我已经买了自己的球拍，在部门活动中也结交了很多朋友，我会继续努力的。我的长毛衣很可爱吧？"

冬季 | 5

[春夏秋冬的制服]

请看！

色调沉稳的冬季水手服搭配

姓名

杉本惠子
Keiko Sugimoto

班级

一年级1班/戏剧部

"我们学校要求统一制服，所以不能自行穿搭。尽管如此，围巾还是可以自由选择的。这是我最喜欢的一条围巾，是不是很好看？"

2

|第2章|

上装

所以，穿上吧。

我觉得这件好看！！

哈哈

难道我没有选择的权利吗……

● 00:01:59 HD

嗯……

● 00:02:24 HD

好吧

这是什么？

摄像机。

没事的没事的

不要啊

水手服
Sailor

01 具有时尚品位的水手服会特意缝制出体现少女感的线条，称为衣褶。

02 紧紧护住女孩胸口的胸挡。它们大多用按扣或纽扣来固定，可以很容易地取下来。领口比较小的关东领水手服因为胸前部分比较窄小，所以大多没有胸挡。

03 为了方便穿着，水手服的正面或侧面一般会安装拉链。也有少数是从领口向下拉开的款式。

01

02

03

04 从正面看衣领没有什么出奇的地方，但它的背面有白色或黑色的内衬。

04

05 关西领

05 关东领

05 名古屋领

05 衣领是水手服最重要的特征。根据领口开襟程度和大小，主要可分为"关西领"和"关东领"两大类型。此外，在日本中部地区，还有一种"名古屋领"，即衣领上有一个白色的"领套"。

水手服的款式

Sailor Variations

01 要点

标准的水手服在绀色的衣领上会有三条线（称为"水手服襟线"）。胸前会有领结或三角巾等各种款式的领饰。

02 要点

这套水手服的绀色衣领上只有一条水手服襟线。其特点是襟线会在背后断开，很好地点缀了绀色的领口。

03　要点

这种款式的水手服领子上有一
条水手服襟线，但这条线会在
后衣领的领角处交叉。胸前有
一个固定住三角巾的环扣（三
角巾穿过环扣）。

04　要点

这是一套双排扣水手服，前襟
有四颗纽扣。衣领本身就是白
色的，并不是领套。衣领有两
层，这两层的颜色分别是白色
和绀色。

05 要点

这套双排扣水手服的前襟有
四颗纽扣。领子上襟线的数
量左右不同，是非常罕见的
款式。

06 要点

这套单排扣水手服的前襟有一
排纽扣。领子上有三条襟线，
但后衣领底部没有襟线。

这是一件非常罕见的水手服，
衣领侧边处设计了切口。襟线
正好止于衣领的切口处。

08　要点

这是一套关西领的水手服，领
子开到胸口以下。衣领是灰色
的，非常独特。这套水手服需
要佩戴胸挡。

09　要点

这套水手服的衣领和07那套一样，领子侧边处设计了切口，不同的是它附加了一条可以用按扣固定住的领带。

10　要点

这是一套白色衣领上有黄色襟线的高雅风格的水手服。前襟设计成双排扣，有六颗金色的纽扣。

11 要点

这套水手服的前襟设计成了单排扣，还对针脚进行了处理（细褶皱），乍一看就像是衬衫一样。

12 要点

这套水手服沿领子边缘缝上了格纹饰边，而不是缝制襟线，使得这款夏季水手服显得更加清凉。

13 要点

这套水手服领口的领结是用带子编起来的。三条襟线在后背衣领领角处做了折回处理。

14 要点

这套水手服的领子从正面看，形状是方形的。在后衣领的领角处有一个缝制的图案作为点缀。

15 要点

这套水手服领口的领结和13那套一样，都是由带子编起来的。不同的是，这套衣服的衣领外侧从中间向下设计了缺口，呈现出独特的轮廓。

16 要点

这套水手服用衣领的一部分在胸前打结。因为衣领起到了领结的作用，所以没有再系领结。

西装外套

Blazer

01 西装外套是女款学生制服中最受欢迎的。它属于一种修身夹克。如果将领结和开衫组合搭配，搭配的形式会很多样。乍一看形状相同的衣领，其实是多种多样的。

01

■ 衣领的类型和名称

平驳领

半戗驳领

戗驳领

三叶草领

半三叶草领

02 西装领形一般由西装领的下领决定。衣领有这么多的类型，真是有趣啊！

03 西装外套的优点是比较容易展现出女孩身体的轮廓。袖口上的金色纽扣和后腰部分的装饰腰带是水手服不具备的时尚元素。

04 下摆的切口被称为"开衩"（或"衩口"），是为了避免骑马时下摆过于狭窄而设计的。

中开衩　　　　　侧开衩　　　　　钩状开衩

西装外套的
款式

Blazer Variations

01 要点

这是一件单排扣的西装外套。
米色V领毛衣在暗绿色外套的
衬托下显得非常好看,这在制
服中是很罕见的。

02 要点

这是一件双排扣的西装外套,
有四颗纽扣,属于四颗纽扣扣
两颗的款式。这个下领能让人
联想到燕尾服衣领上有光泽的
缎面,再搭配衣领处的徽章,
显得非常时尚。

03 要点

这是一件有三颗纽扣的单排扣
西装外套，给人以温文尔雅的
印象。

04 要点

这是一件有三颗纽扣的单排扣西
装外套。衣服以绿色为基调，在
红色领带的衬托下很好看。

05　要点

这是一件双排扣西装外套,有
四颗纽扣,属于四颗纽扣扣两
颗的款式。装饰物很少,给人
平淡无奇的印象。

06　要点

这是一件双排扣西装外套,以
深棕色为底色,蓝色领带是一
个点缀。

07 要点

这是一件双扣西装外套，有两
颗纽扣，属于两颗纽扣扣一颗
的款式。以略显雅致的灰色为
底色，搭配金色的纽扣，显得
格外耀眼。

08 要点

这是一件双排扣西装外套，有
四颗纽扣，属于四颗纽扣扣一
颗的款式。衣领的V字形区域
较长，所以也被叫作大翻领。
纽扣的位置很有特点。

09 要点

这是一件极其罕见的单扣西装外套，上领（外领）由与整体西装不同的布料制成，非常特别。

10 要点

这是一件单排扣西装外套，下领采用了格纹面料，非常时尚。

11 要点

这是一件黑色的单排扣西装外套。它的衣领和口袋边缘以白色线条作为修饰，非常有特色。

12 要点

这是一件有四颗纽扣的单排扣西装外套，以米色为底色，领子采用了棕色的面料。

水手服外套

Sailor Blazer

01 虽然制服很难分类，但也有结合了水手服和西装外套元素的制服。

02 从下摆形状来看水手服和西装外套的区别。

01

02

普通水手服（冬季）　　　有西装外套轮廓的水手服

　　　　　　　　　　　　（冬季）

03 这套制服是水手领和西装下摆完美结合的案例，真是独具匠心。

■ 带马甲的混合型

V领马甲 ＋ 水手领衬衫

04 这是一件双排扣水手
服外套。它的纽扣可以一
直扣到领口，给人一种大
衣的感觉。

04

05 这是一件双排扣水
手服外套，衣领设计为
交叉式。制作的布料使
用了较硬的面料，而不
是柔软的面料。

05

水手服外套的
款式

Sailor Blazer Variations

01 要点

这件西装外套看起来像修身夹克，但衣领却是水手服的衣领。白色的衣领非常显眼。

02 要点

这件制服是在水手领的衬衫外面套上了一件单排扣的V领马甲。收紧的腰围凸显了女性身体的轮廓。

03 要点

双扣V领马甲搭配夏季水手服。V字领比较深，搭配上领结显得更好看。

04 要点

单排扣西装外套的领子改为水手领，后腰部分的装饰带也很时尚。

网球衫

基本解说 | **网球衫**
Polo Shirt

正面的样式

01 夏季限定的网球衫。它具有运动所需的便利、吸汗和透气等特点。

02 网球衫的衣领各种各样。

一侧线　　两侧线　　两侧线（细）

领口线　　边缘线　　双重线

03 正面　　04 背面

网球衫也被称为Polo衫，其中的"Polo"一词来自马球运动。网球衫不仅受到网球选手的青睐，也越来越受到大众的喜爱。网球衫真的很好呢。

01

03

04

48　学院风服装绘画图鉴

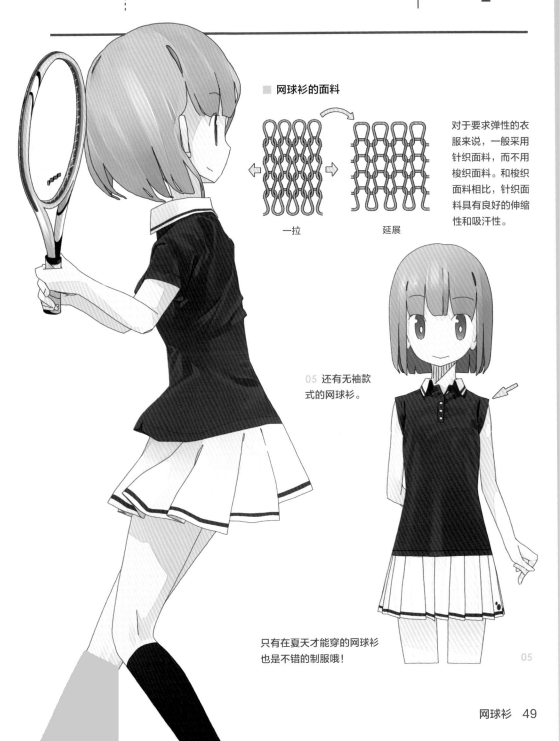

■ 网球衫的面料

一拉　　　　　延展

对于要求弹性的衣服来说，一般采用针织面料，而不用梭织面料。和梭织面料相比，针织面料具有良好的伸缩性和吸汗性。

05 还有无袖款式的网球衫。

只有在夏天才能穿的网球衫也是不错的制服哦！

05

网球衫的款式

Polo Shirt Variations

01 要点

这是一件黄色的网球衫。其领口和袖口均配上了白边，给人一种轻盈的感觉。

02 要点

这是一件充满夏日气息的白色网球衫。衣领上有绀色的条纹，给人一种学生的感觉。

03　要点

这是一件蓝色的网球衫。衣领
的领角是圆的。在白色衣领的
衬托下，蓝色的网球衫显得非
常好看。

04　要点

这是一件红色的网球衫。领子
上有纽扣，领口处的白色部分
特意做成假领的样子。

领饰

Tie

　　领饰就像花朵一样装饰着制
服的胸口部分。有各种各样的领
饰，比如三角巾、领结、细绳领
结和交叉领结等。从水手服到西
装外套，领饰是所有制服不可或
缺的组成部分。接下来，我们来
了解领饰的结构和系法，并揭开
它们可爱的秘密。

01 在三角巾中，由涤纶面料制成的直角等腰三角形领巾是主流。展开后的领巾非常大。

02 三角巾有着缎面般的高级光泽感，略微透明。定制的领巾有时也会使用丝绸等高级面料。

■ 三角巾的固定方法

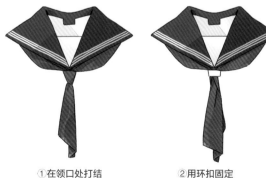

①在领口处打结　　②用环扣固定

03 三角巾可以在领口处打结固定，也可以用环扣来固定。使用环扣固定的话，只需将领巾穿过环扣就可以了，非常简单。

基本解说 ║ 三角巾

01 三角巾一般都会卷上几圈再戴在衣领处，卷的圈数少，就会从后面衣领下方露出来。

01

1 挂在衣领上

■ **三角巾的系法示例**

三角巾的系法多种多样。我从中挑了一个比较新奇的系法介绍给大家。

2 绕一圈

3 轻轻拉紧

4 再绕两圈

5 轻轻拉紧

6 保持这个形状　拉

7 用力拉紧（完成！）

■ 三角巾的系法

三角巾的普通系法

蝴蝶结系法

蓬松小翅膀的系法

这么一说，它既可被称为"围巾"，也可被称为"领巾"……

到底应该称为什么呢？

不可思议！！

话说

你的关注点在哪儿呢？

毫无疑问，这是一条"围巾"，因为它是缠绕在脖子上的布。

这个！

制服专用领巾

然而大部分的制造商都将其称为"领巾"。

但是从最初的制服的角度来思考的话，

• 脖子+头巾 = 领巾
• 手+头巾 = 手绢

头巾

还可以把它看作是一条"头巾"。

到底哪一个才是正确的呢？真是非常苦恼……

将它的名称统一一下很难吗？

正面　　　　　　　　　背面

01 领结与西装外套的搭配非常完美。大多数情况下，不需要每次佩戴时都手动系出花结，因为花结是现成的，所以可以直接佩戴。

一个褶皱型　　　　　两个褶皱型

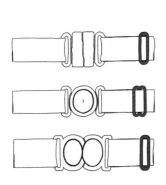

03 领结扣在这里。

02 独特的领结扣。

04 将领结系在领子上时，应先打开领结扣，调整系带长度。因为是有弹性的系带，所以有时也可以直接佩戴。

04

05 实际上，领结和水手服的搭配是非常完美的，且
领结佩戴在水手服上的固定方法与佩戴在衬衫上时有
很大不同。由于水手服领口的长度比衬衫长，所以使
用了绕颈一圈的弹性长绳。此外，还有一种用领口的
扣子来固定的领结。

05

固定在领口处的类型　　　　　绕衣领一圈的类型
适用于领口较长的关西领　　　适用于领口较短的关东领

领结的各种样式

虽然素雅的领结很漂
亮，但有花纹的领结
也很漂亮。

01

01 在搭配制服的领带中很少有纯色的领带。如果你仔细观察领带，就会发现它有许多时尚的花纹。

02 流畅的曲线很美。

←领带窝

03 被称为"领带窝"的凹陷是可有可无的。

■ 领带的各种样式

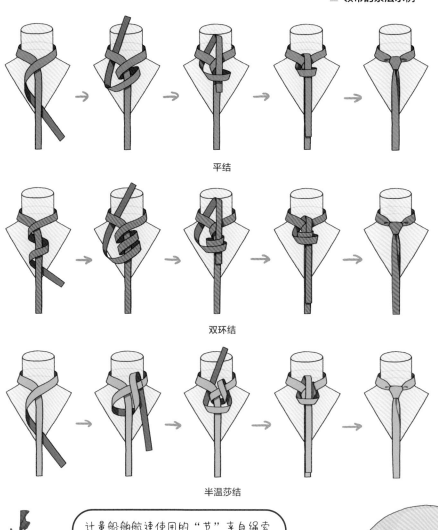

平结

双环结

半温莎结

计量船舶航速使用的"节"来自绳索的"结"。 大航海时代，船舶的速度是以沙漏落完一次，拖出的绳索的节数（=绳结数）来衡量的。

船尾

47.25ft（约14.4m）

5 4 3 2 1 ⇨ 5节

← 有配重的三角形板

■ 细绳领结

01 这是一种用来搭配衬衫的细绳领结。它是由筒状的布做成的绳带，绳带两端略微收紧。

背面

正面

02 偶尔也会将细绳领结编起来，搭配在水手服的领口。

■ 交叉领结

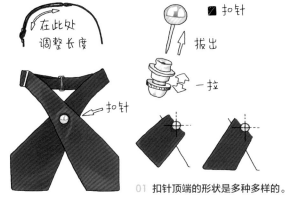

在此处调整长度

扣针

■ 扣针

拔出

一拉

01 扣针顶端的形状是多种多样的。

02 不常用的交叉领结。有扣针的点缀还是非常时尚的。

■ 按扣式领带

里面 按扣

一按即可!!

01 按扣隐藏在衣领下，领带可以快速取下。

■ 一片式领饰

01 这是一条罕见的领饰，只由一条丝带组成。

02 它用别针之类的东西固定在领口处，可与衬衫或马甲搭配，能给人很正式的感觉。

外套

Outer

在寒冷的秋冬季节经常穿的外套。通常情况下，外套都会遮住制服，但只要搭配得好，它就可以成为一种制服+外套的时尚穿搭。本节将介绍开衫、背心和大衣等的种类、特征，以及搭配方法。

水手服 + 开衫

Sailor suit + Cardigan

01

02

03

04

黑色连裤袜!!

01 开衫的标志是胸前开放式的领口。如果最下面的纽扣没解开,就会有点儿紧。

02 开衫的衣摆应略高于裙摆。整体轮廓看上去像一件连衣裙,非常可爱。

03 水手服的衣领要放到开衫外面来。

04 袖子的长度刚好可以把手指遮住一点,袖口通常做得略微宽松。

-正面-   -背面-

[外套的搭配]

衬衫 + V领背心

Blouse + V-neck vest

01

02

03

01 V领背心与开衫不同，它的领口通常稍厚，边线也十分明显。

02 V领背心的长度和开衫一样，衣摆在裙摆稍微往上一点的位置会显得很时尚。

03 背心最突出的特点就是没有袖子，既方便活动又能保暖，适合在气温多变的春秋两季穿着。

-正面-

-背面-

衬衫 + 派克服

Blouse + Parka

01

02

03

01 从派克服的领口露出
的领带看起来很有个性。

02 尽管很少,但也有指
定穿派克服的学校。

03 兜帽是派克服的特
征,这一特征与水手服的
衣领有异曲同工之妙。

-正面-   -背面-

海军大衣

Pea coat

海军大衣既适合正式场合又适合休闲场合，面料多为羊毛或麦尔登呢。其特点是正面有大大的衣领和双排扣，与西装外套非常搭。因为衣长比较短，所以它被归入短大衣类。

"海军大衣英文中P的由来"

有一种说法认为，海军大衣（pea coat）中的P是来自荷兰语和弗里西语中的"pij"，意为"粗布"。

粗呢大衣

Duffle coat

粗呢大衣的面料为加厚的麦尔登呢。其特点是有一个大大的兜帽和正面带有3~4个被称为"牛角扣"的扣子。与普通纽扣相比，牛角扣即使戴着手套也很容易解开。因为大衣的材质不易于呈现身体的曲线，所以给人一种青春的印象。它一直是学生们很喜欢的大衣款式。

"粗呢大衣的由来"

据说，粗呢大衣起初得名于它使用的材料——厚实的麦尔登呢，这是比利时安特卫普省德弗尔市的产品。牛角扣是使用水牛角、木材或塑料制作而成的。

短大衣

Topper coat

这是一件略薄的短大衣，以单排扣和
衣摆宽大的A字形轮廓为特征。由于
腰臀处宽大的衣摆会凸显腰部的纤
细，并且穿着时衣服很难走形，因此
能给人以非常稳重的印象。

夹克衫

Blouson

你可能会疑惑："这是夹克吗？"我的答案你可能会感到意外，这真的是属于制服类的夹克衫（作者的观点）。社团晨练或放学后会有点冷，它就会派上用场。

除了这里介绍的大衣，常见的外套还有风衣和羽绒服等，但是它们和制服不是很搭。

01 采用它作为学校制服的学校很少。与西装外套不同，它的扣子较少，并且前襟是敞开着的。其使用的扣子类型多种多样。

里面的风纪扣

①用风纪扣固定

02 这是从外面看不到风纪扣的款式，就像这样在内侧用风纪扣扣住并固定前襟。

②用纽扣固定

03 就算有纽扣，大多数情况下也就只有一个纽扣。与其说"穿上"它，倒不如说是"披上"它。

哎哟

04 因为波蕾若外套长度很短，所以穿在波蕾若外套里面的衣服，大部分都是黑色和绀色的无袖连衣裙，而不是白衬衫之类的显眼的衣服，这样显得比较正式。

70

■ 适合波蕾若外套的领饰示例

 领结

 细绳领结

剑形领结

波蕾若外套源于西班牙的民间舞蹈。著名的《波莱罗（Bolero）舞曲》（作曲:莫里斯·拉威尔）的创作也同样融入了西班牙民谣的旋律。

这里有百褶裙① 和百褶裙②

你应该穿哪条 裙子呢？

似曾相识……

喂，喂！

咦，这个场面好像在哪里见过……

它们是一样的？！你不会真的认为它们是一样的吧？！

为什么？！

又来了!!!

又来了…… 又来了……

欸——

不，算了…… 话说……

话说这两条裙子虽然都是"褶"形的，但仔细观察的话，

却是完全不同的，所以……

怎么可以忽视这两条裙子的独特之处呢？！

没错！是该科普一下了!!!

不要，不要啊……

百褶裙

Skirt

　　制服百褶裙具有各种特点。百褶裙大多都有一个调节器，可以随着孩子的成长调整裙子的腰围，而一些没有调节器的百褶裙则会附加三级调节扣。根据面料的厚度，百褶裙有夏季款和冬季款，而且具有多种多样的变化样式。另外，裙褶是指裙面上的褶子。

基本解说 ‖ 百褶裙

■ **调节器和口袋**

01 调节器的种类

打开后锁
会松开。

① 打开正面的金属配件进行调整。

打开背面的金属配
件后,锁就会松开。

② 打开背面的金属配件进行调整。

捏住这里就能解开。

③ 捏紧金属配件进行调整。

打开后锁会松开。

④ 有塑料导轨。

02 防止脱落的按扣

04 调节扣（可进行
三个尺寸的调整）

03 调节扣（钩）

05 口袋

这里!

77

■ 裙褶的方向

背面　　裙褶朝向

正面

口袋

01 百褶裙的口袋一般都在左侧。

02 在极少数情况下，裙褶的方向是从前往后的，这样口袋便会在右侧。

背面

口袋

正面

03 口袋大多在左侧是由裙褶的方向决定的。

04 从上面看，大多数百褶裙的裙褶是逆时针的，褶皱的折叠方向和（右）手插入的方向是一致的，这使得（右）手很难插入口袋。因此，在逆时针裙褶的百褶裙中，一般在与裙褶方向相反的左侧设有口袋。

插、插不进去……

06 想要裙子变短，就要将
其卷在腰部。

■ 裙长的调整

05 调整裙长的方法之一是使用专门调整裙长的腰带。先
将裙子稍微往上提一点，接着向下卷住腰带，然后将裙子
放下，这样裙子就很简单地变成了迷你裙的长度。

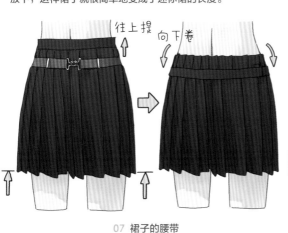

07 裙子的腰带

■ 裙子的衬里

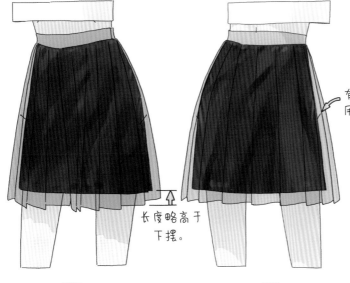

有些裙子的衬里是
用线固定住的。

08 百褶裙有时会带有衬里，
以减少穿脱衣服时的摩擦，并
防止汗水弄脏外层面料。这在
冬季裙装中比较常见，而在需
要凉快的夏季裙装中较少见。

-正面-　　　　　　　　-背面-

■ 百褶裙·变化样式 | 01

这是最常见的制服百褶裙。从上面看时，褶子为逆时针方向。因为褶子都朝着一个方向，所以被称为"轮褶"。

背面

褶子向左转

正面

■ 百褶裙·变化样式 | 02

分别从正面和背面转向两侧的箱褶。这是继01之后常见的百褶裙款式。

背面

褶子分别从正面和背面向两侧转

正面

这条百褶裙正面的箱褶和02的
样式相同，但这条百褶裙背面的
褶峰刚好在相接处变成了内褶。

背面

褶子分别从
左右向后转

正面

这条百褶裙由大小两种宽度的轮
褶组成，非常罕见。

两层裙
褶组合
在一起

背面

第二层褶
第一层褶

褶子向左转

正面

■ 百褶裙・变化样式｜05

这条百褶裙在正面和背面都有
内褶。

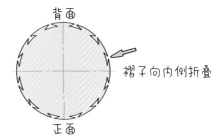

背面

正面

褶子分别从前
后向两侧转

■ 百褶裙・变化样式｜06

内褶型的百褶裙，其所有的裙
褶都是相互衔接的。

背面

正面

褶子向内侧折叠

这条百褶裙是由大、中、小三种宽度的轮褶组成的，非常罕见。

背面
第一层褶
第二层褶
第三层褶
褶子向左转
正面

■ **裙褶的类型**

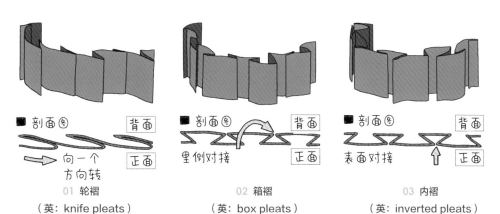

■ 剖面图
背面
正面
向一个方向转

01 轮褶
（英：knife pleats）

这些裙褶有一个特点，即裙褶向一个方向旋转。因为褶子的形状很锋利，在英语中也被称为"刀褶"。

■ 剖面图
背面
正面
里侧对接

02 箱褶
（英：box pleats）

与轮褶不同，它有向内折叠的褶子。裙褶在内侧对接，导致正面会有一点间隙。

■ 剖面图
背面
正面
表面对接

03 内褶
（英：inverted pleats）

裙褶在外侧对接，与箱褶相反。由于这一特点，它在英语中被称为"倒褶"。

格子样式

Check Pattern

■ 彩色格子花纹

20世纪80年代，格子花纹首次被纳入制服裙装的面料设计中。可以毫不夸张地说，它现在是制服的一个标志。格子花纹最早起源于苏格兰，带有这种图案的布料是一种具有地域特色的传统纺织品。时至今日，它已经成为时尚界不可或缺的一部分。

■ 格子的组成

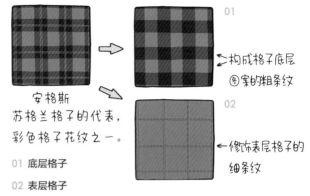

安格斯
苏格兰格子的代表，
彩色格子花纹之一。

→构成格子底层
  图案的粗条纹

←修饰表层格子的
  细条纹

01 底层格子

02 表层格子

03 格子图案的特点是，经纱和纬纱的颜色和排列方式都相同。其基本的结构由被称为"底层格子"的粗条纹和被称为"表层格子"的细条纹组成。

04 如今，为了保护传统的格子花纹不被粗制滥造，苏格兰政府设立了"苏格兰格子登记簿（The Scottiish Register of Tartans）"，对格子花纹进行登记和管理。

苏格兰
高地地区

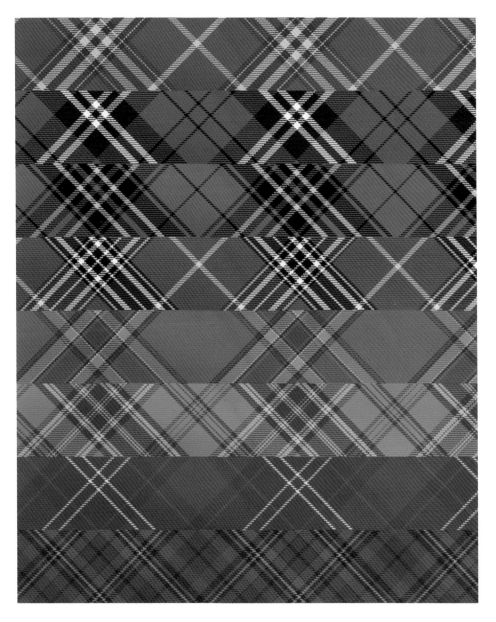

沉着、稳重的灰色系，和米色的开衫很搭

格子样式 #2

Check Pattern

略带活泼的蓝色系，最适合与浅色的衬衫搭配

淡奶茶色系。颜色饱和度高的大格子很引人注目

Check Pattern

少女感十足的红色系，推荐搭配白色衬衫

饱和度较低的红色系。巧克力色的样式很有个性

基本解说 | # 乐福鞋
Loafer

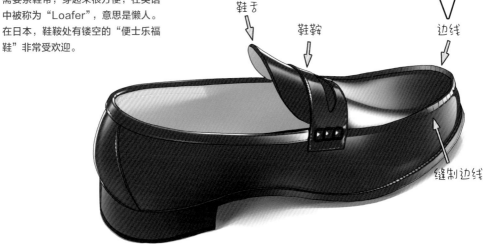

合缝边线
压缝边线

如果是压缝边线，不好好保养的话，可能会引起边线开裂。

边线开裂

顶部鞋面与鞋子主体不是一体，由合缝边线缝合。

顶部鞋面与鞋子主体为一体，由压缝边线走边。

01 女生经常穿的乐福鞋。乐福鞋不需要系鞋带，穿起来很方便，在英语中被称为"Loafer"，意思是懒人。在日本，鞋鞍处有镂空的"便士乐福鞋"非常受欢迎。

鞋舌

鞋鞍

边线

缝制边线

02 20世纪50年代，人们喜欢在鞋鞍镂空处插入1美分的硬币（据说这就是便士乐福鞋名字的由来）。

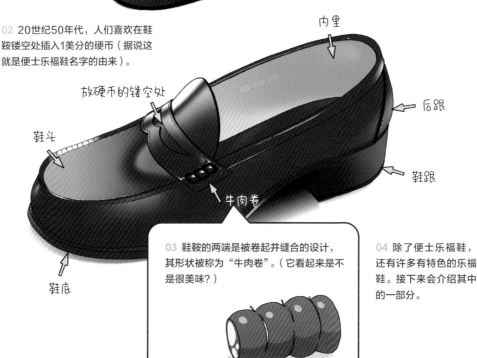

内里

放硬币的镂空处

后跟

鞋头

鞋跟

牛肉卷

鞋底

03 鞋鞍的两端是被卷起并缝合的设计，其形状被称为"牛肉卷"。（它看起来是不是很美味？）

04 除了便士乐福鞋，还有许多有特色的乐福鞋。接下来会介绍其中的一部分。

■ 便士乐福鞋 #1

这款便士乐福鞋在鞋鞍上
没有"牛肉卷"的设计。

■ 便士乐福鞋 #2

与上面款式相同，鞋鞍上没
有"牛肉卷"的设计，并且
它的镂空部分是条形的。

乐福鞋（皮带式）

这款鞋子的鞋鞍是皮带式的（不需要鞋带），与乐福鞋同属一类。皮带上的金属配件非常时尚。

乐福鞋（蝴蝶结型）

这是一款将便士乐福鞋鞋鞍的镂空部分换成蝴蝶结的乐福鞋。这款乐福鞋可以说是在日本对"可爱"的独特追求中发展起来的。

■ 流苏乐福鞋 #1

这是一款鞋鞍上装饰有流
苏的独特乐福鞋。

■ 流苏乐福鞋 #2

这款乐福鞋将鞋舌外翻并
做成了有切口的流苏形。

基本解说 | 袜子

Socks

和制服搭配的袜子以连裤袜和长筒袜为主，此外还有中筒袜、过膝长袜等。既能防寒又很时髦的连裤袜和长筒袜，是收紧腿部线条不可或缺的单品，可以使腿部更加美丽且魅力十足。

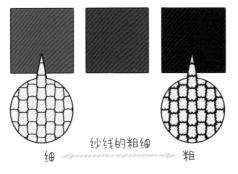

01 如果仔细观察高弹性的连裤袜和长筒袜的面料，就会发现它们是由针织面料制成的。线的粗细不同，透出肤色的程度也不同，线较粗、质地较厚的一般是连裤袜（一般在30D以上）。

■ **面料的密度**

02 计量面料密度的单位用旦尼尔（Denier，简称D）来表示。旦尼尔是指规定长度的纱线在公定回潮率时的质量克数，9000m长纱线重1g，该纱线便称为1旦尼尔（1D）。

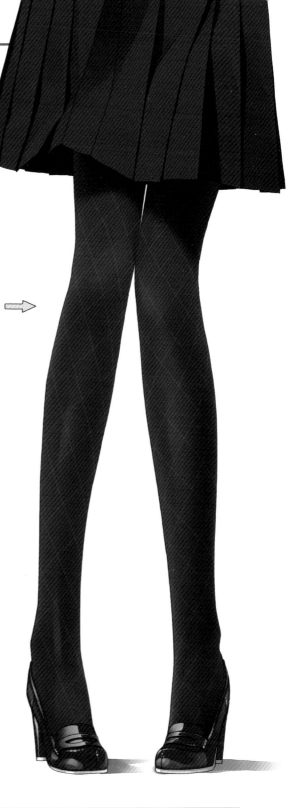

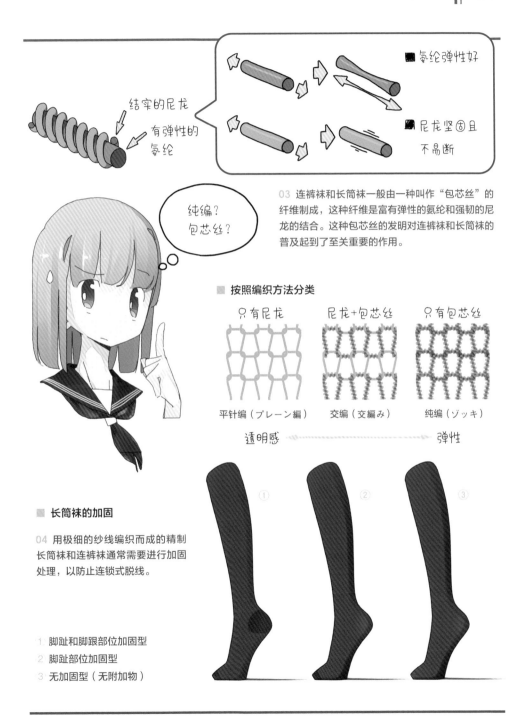

结实的尼龙

有弹性的氨纶

■氨纶弹性好

■尼龙坚固且不易断

纯编？
包芯丝？

03 连裤袜和长筒袜一般由一种叫作"包芯丝"的纤维制成，这种纤维是富有弹性的氨纶和强韧的尼龙的结合。这种包芯丝的发明对连裤袜和长筒袜的普及起到了至关重要的作用。

■ 按照编织方法分类

只有尼龙　　尼龙+包芯丝　　只有包芯丝

平针编（プレーン编）　交编（交编み）　纯编（ゾッキ）

透明感 ┈┈┈┈┈┈┈┈┈┈┈ 弹性

① ② ③

■ 长筒袜的加固

04 用极细的纱线编织而成的精制长筒袜和连裤袜通常需要进行加固处理，以防止连锁式脱线。

1 脚趾和脚跟部位加固型
2 脚趾部位加固型
3 无加固型（无附加物）

中筒袜

High socks

无论哪个年代，女孩子的时尚总是从脚部开始的。一双不过膝的中筒袜会使腿部线条看起来更加漂亮。

过膝长袜

Overknee socks

要想看起来稍微休闲一点，可以穿过膝长袜，
它与衬衣是绝配。

- -

三折袜

Three-fold socks

突显稳重气质的无袖连衣裙配上三折袜
是最合适不过的了。露在黑色乐福鞋外
面的白色袜子非常引人注目。

- -

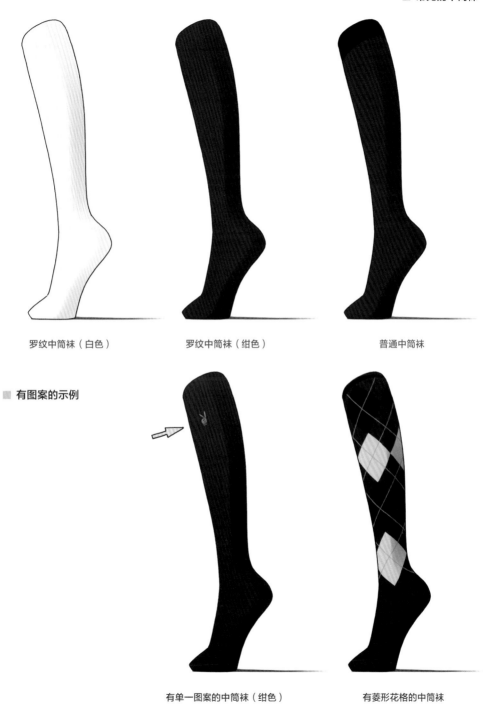

罗纹中筒袜（白色）　　　　罗纹中筒袜（绀色）　　　　普通中筒袜

■ 有图案的示例

有单一图案的中筒袜（绀色）　　　　有菱形花格的中筒袜

连裤袜 / 长筒袜 + 水手服

Hosiery + Sailor suit

■ **连裤袜**

加厚连裤袜。几乎看不出肤色，腿部线条轮廓清晰。

■ **长筒袜**

面料轻薄的长筒袜。略微能看到皮肤的颜色，给人一种略显成熟的印象。

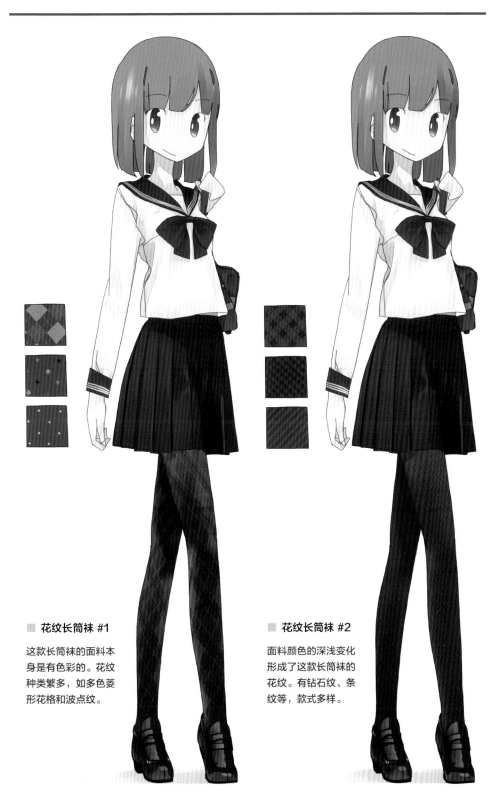

■ 花纹长筒袜 #1

这款长筒袜的面料本
身是有色彩的。花纹
种类繁多，如多色菱
形花格和波点纹。

■ 花纹长筒袜 #2

面料颜色的深浅变化
形成了这款长筒袜的
花纹。有钻石纹、条
纹等，款式多样。

水手服＋夏季穿搭

Sailor suit + Summer style

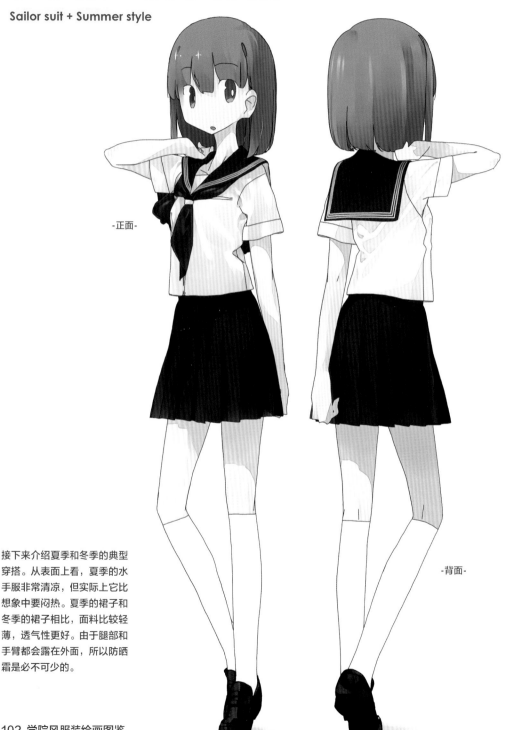

-正面-

-背面-

接下来介绍夏季和冬季的典型穿搭。从表面上看，夏季的水手服非常清凉，但实际上它比想象中要闷热。夏季的裙子和冬季的裙子相比，面料比较轻薄，透气性更好。由于腿部和手臂都会露在外面，所以防晒霜是必不可少的。

水手服 + 冬季穿搭
Sailor suit + Winter style

-背面-

-正面-

冬季的水手服有绀色、黑色和灰色等颜色。水手服搭配很简单，和西装相比整体色调偏暗，但是其衣领的襟线和胸前的三角巾都很显眼。上衣和裙子的面料都比较厚，比夏季制服要重得多。

衬衫 + 夏季穿搭

Blouse + Summer style

-正面-

-背面-

衬衫与水手服相比，面料更加
轻薄，即使在夏天穿也相对舒
适。不过由于衬衫的面料比较
透，因此在里面再穿一件衣服
是有必要的。有时胸口戴的领
结可能会让人感觉很紧，所以
在炎炎夏日也可以摘掉领结，
这样会凉快许多。

西装外套＋冬季穿搭

Blazer + Winter style

-背面-

-正面-

在冬季，长袖衬衫＋西装外套已成为标准搭配。西装外套通常都有衬里，这能为我们提供很好的保温效果。寒冬腊月之际，叠穿V领毛衣或开衫是不错的选择。

无袖连衣裙
Jumper Skirt

01 除了水手服和西装外套，还有一款制服是必须要介绍的，那就是无袖连衣裙。由于名称比较长，所以很多时候将其简称为无袖裙。这是上衣和裙子连为一体的裙装，通常适用于女子学校。

交叉领

方形领

V形领

额外：马甲式

02

03

■ **无袖连衣裙的穿脱示例**

因为它是一件连身裙，所以通常在肩部和腰部设有按扣或拉链，用于穿脱。

02 解开按扣。

03 拉下拉链。

04 一般情况下，无袖连衣裙都是穿在衬衫外面的。衬衫有各种各样的款式，其中包括普通衬衫、圆领衬衫、水手领衬衫等。因为无袖连衣裙本身没有衣领，所以可以与各种衬衫搭配。

▨ **适合搭配无袖连衣裙的衬衫**

圆领衬衫

水手领衬衫

将水手服上衣套在无袖连衣裙外面也是不错的选择哦！

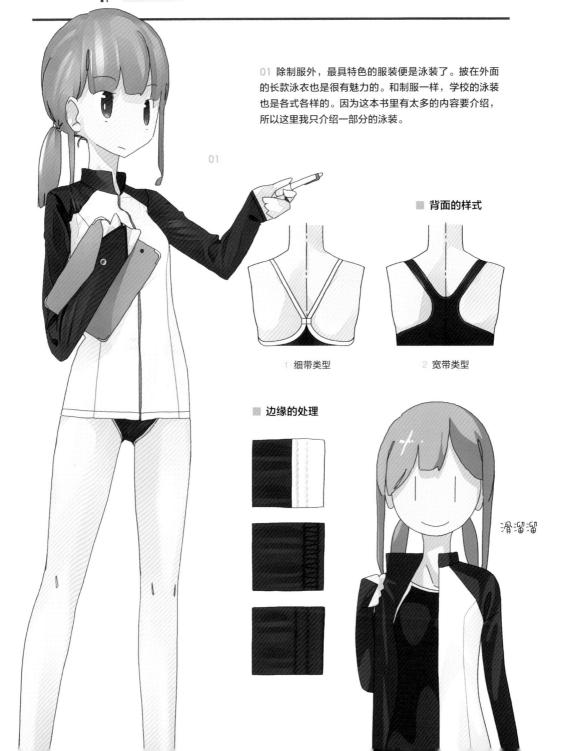

基本解说 ║ **泳装**
Swimwear

01 除制服外，最具特色的服装便是泳装了。披在外面的长款泳衣也是很有魅力的。和制服一样，学校的泳装也是各式各样的。因为这本书里有太多的内容要介绍，所以这里我只介绍一部分的泳装。

01

■ **背面的样式**

1 细带类型

2 宽带类型

■ **边缘的处理**

滑溜溜

基本解说 | 运动服

Sportswear

01 继泳装之后，与学生密切相关的便是运动服了。近期还出现了许多时尚款式的运动服，让穿着者既可体验时尚又可享受运动。运动服所使用的面料很透气，具有能使汗液迅速蒸发的性能。

01

■ 时髦的下装

1 百褶裙款

2 裙裤款

讲了这么多，制服是真的很深奥……

唔唔唔

到目前为止，虽然我已经做了很多研究，

但我认为还是有许多能体现可爱的地方没有被挖掘出来。

——

哈？

就是这个!!!

钦——

来吧!!
我们走!!

钦?!
等……
等一下！

制服就只有可爱属性吗?

不过,

我认为,这并不是制服唯一的魅力所在!

将来会有什么样的制服出现呢?

未来的制服会是什么样子的呢?

面向明天的制服——

未来,我们将继续这段旅程……

感谢各位陪我到最后!

后记

　　大家觉得这本书如何呢？

　　通过本书，如果能略微分享一下学院风制服的精彩与魅力，我都会感到无比的喜悦。写这本书的时候，我以图书和互联网资料为基础学习了相关知识，对于其他还未了解的内容，我都会努力收集信息，利用各种机会拿到现实中的学院风制服。比如我去过原宿的专卖店和各种制服的展览会，那真是一段非常美好的回忆。

　　对我来说，要编写"学院风制服"这一特别主题的书并不容易，但我很高兴能够将其编成一本书。

　　回想起来，我在2008年就有了这本书的构思。

　　在我当时的博客中，我表达出了"要是有这样的书就好了"的愿望，还附上了一张设想中书的图片，书名正是《学院风服装绘画图鉴》。这之后，我的愿望实现了，我在诸如COMITIA等同人志即卖会上发表了四卷"学院风服装绘画图鉴"系列作品。

　　其中，2010年秋季发表的以典型格子纹样为附录的《学院风服装绘画图鉴vol.03》获得了特别大的反响，作为本书编辑的石井先生提出了出版图书的建议。然后，经过四年的时间，我非常高兴终于把它编成了一本书。

　　在这个过程中，我虽然经历了好几次挫折，但也得到了许多人的支持，这才成就了今天的我。在此，我对东方出版社的坚田浩二先生和石井丽女士为出版这本书所做的努力表示感谢，感谢风见二之先生为这本书所做的精美设计，感谢在任何情况下都支持我的家人和朋友，最后对关注我、包容我各种漫无边际想法的粉丝表示衷心的感谢。

上月午月

图书在版编目（CIP）数据

学院风服装绘画图鉴 / （日）上月午月著；黎瑞芝译. — 北京：中国青年出版社，2022.10
ISBN 978-7-5153-6678-4

I.①学… II.①上… ②黎… III.①学生—制服—介绍—日本—图集 IV.①TS941.732-64

中国版本图书馆CIP数据核字（2022）第090528号

版权登记号：01-2022-0533
SEIFUKU SHIKOU
Copyright © SATSUKI KOZUKI, 2014
Chinese translation rights in simplified characters arranged with EAST PRESS CO., LTD.
through Japan UNI Agency, Inc., Tokyo

学院风服装绘画图鉴

著　　者：[日]上月午月
译　　者：黎瑞芝

企　　划：北京中青雄狮数码传媒科技有限公司
主　　编：粉色猫斯拉·王颖
责任编辑：陈静
策划编辑：刘然
执行编辑：韦晓敏
营销编辑：严思思　杨钰婷
书籍设计：刘颖
出版发行：中国青年出版社
社　　址：北京市东城区东四十二条21号
网　　址：www.cyp.com.cn
电　　话：（010）59231565
传　　真：（010）59231381

印　　刷：北京瑞禾彩色印刷有限公司
规　　格：710×1000　1/16
印　　张：7.5
字　　数：119千字
版　　次：2022年10月北京第1版
印　　次：2022年10月第1次印刷
书　　号：978-7-5153-6678-4
定　　价：78.00元

如有印装质量问题，请与本社联系调换
电话：（010）59231565
读者来信：reader@cypmedia.com
投稿邮箱：author@cypmedia.com
如有其他问题请访问我们的网站：http://www.cypmedia.com